Sitzungsberichte
der Akademie der Wissenschaften
der DDR
Mathematik – Naturwissenschaften – Technik

6 N

1980

Max Steenbeck zum 75. Geburtstag

AKADEMIE-VERLAG · BERLIN

Sitzungsberichte
der Akademie der Wissenschaften
der DDR
Mathematik — Naturwissenschaften — Technik

Jahrgang 1980 · Nr. 6/N

Max Steenbeck zum 75. Geburtstag

AKADEMIE-VERLAG · BERLIN
1980

Vorträge des Kolloquiums anläßlich
des 75. Geburtstages von Max Steenbeck,
Ordentliches Mitglied der Akademie
der Wissenschaften der DDR, veranstaltet von
der Klasse Physik der AdW der DDR
am 28. Juni 1979

Herausgegeben im Auftrage
des Präsidenten der Akademie
der Wissenschaften der DDR
von Vizepräsident Prof. Dr. Heinrich Scheel

Erschienen im Akademie-Verlag, DDR-1080 Berlin, Leipziger Str. 3—4

Lizenznummer: 202 · 100/67/80
Gesamtherstellung: VEB Druckhaus Köthen
Bestellnummer: 762 857 5 (2010/80/6/N) · LSV 1185
Printed in GDR
DDR 4,50 M

Inhalt

Robert Rompe

Lieber Herr Steenbeck, liebe Kollegen und Gäste!

Der Anlaß, der uns heute zusammengeführt hat, liegt bereits drei Monate zurück — Ihr 75. Geburtstag. Es ist zu Ihrem Ehrentag bereits viel zu Ihrer Person, Ihrer wissenschaftlichen Entwicklung und Ihren wissenschaftlichen Arbeiten gesagt worden. Besondere Ehren wurden Ihnen zuteil, für Ihre Tätigkeit in den Gremien, denen in den letzten Jahren ein Hauptteil Ihrer Wirksamkeit galt — dem Forschungsrat der DDR und dem Komitee für europäische Sicherheit und Zusammenarbeit der DDR.

Wir wollen Sie heute mit diesem Kolloquium der Klasse Physik der Akademie der Wissenschaften als unser langjähriges interessiertes Mitglied ehren und über drei Gebiete berichten, zu deren Entwicklung Sie maßgeblich beigetragen haben.

Das ist erstens die Dynamotheorie kosmischer Magnetfelder, mit der Sie sich besonders in den letzten 20 Jahren beschäftigt haben. Hierzu wird Herr Stiller in seinem Vortrag „Der innere Aufbau der Planeten und die Dynamotheorie kosmischer Magnetfelder in ihrer Anwendung auf unsere Planeten“ sprechen.

Zum zweiten ist das die Kerntechnik, der Sie sich nach Ihrer Rückkehr aus der UdSSR in die DDR mit großer Energie sowohl auf wissenschaftlichem als auch auf wissenschaftsorganisatorischem Gebiet widmeten.

Der Vortrag von Herrn Fuchs und Herrn Rambusch „Kernenergie: gestern — heute — morgen“ ist diesem Problem gewidmet.

Und schließlich der Vortrag von mir und Herrn Dr. Breuer aus dem Zentralinstitut für Elektronenphysik „Plasmaschwingungen in Festkörpern“ aus einem Gebiet, das Sie in den dreißiger Jahren mit Ihren Untersuchungen zur Festkörper-, Elektronen- und Teilchenphysik maßgeblich zu fördern halfen.

Heinz Stiller

Der innere Aufbau der Planeten und die Dynamotheorie kosmischer Magnetfelder in ihrer Anwendung auf unsere Planeten

Sehr geehrter Herr Steenbeck, meine sehr verehrten Anwesenden!

Max Steenbeck und seine Schüler haben in den vergangenen Jahren wichtige Beiträge zur Dynamotheorie kosmischer Magnetfelder geleistet. Heute möchte ich aus der Sicht eines engagierten Geowissenschaftlers versuchen, diese Beiträge zur aktuellen Entwicklung der Theorie des kosmischen Magnetismus zu würdigen. Ich verbinde dies mit den besten Wünschen der Mitarbeiter des Forschungsbereiches Geo- und Kosmoswissenschaften unserer Akademie zum 75. Geburtstag von Max Steenbeck.

Das Phänomen des kosmischen Magnetismus zählte im Hinblick auf seine Entstehung bis in die Mitte der 50er Jahre zu den noch im wesentlichen ungeklärten Naturphänomenen. Diese sehr prinzipielle Problemstellung wurde von Max Steenbeck aufgegriffen. Seit Beginn der 60er Jahre arbeitete er mit einer kleinen Gruppe in Jena an Modellen füu Dynamomechanismen zur Erzeugung von Magnetfeldern in kosmischen Plasmen.

Im Jahre 1966 wurde ich in der Folge meiner Berufung zum Direktor des damaligen Instituts für Geodynamik nach Jena als interessierter Geophysiker im persönlichen Kontakt zu Max Steenbeck mit diesen Arbeiten näher bekannt. Diese Eindrücke zählen zu den starken und auch heute noch wirksamen aus diesen ersten Jahren in Jena.

Als Physiker hatte sich Steenbeck dem Studium des Plasmas als einem besonderen Aggregatzustand gewidmet. Dabei hat er seine grundsätzlichen theoretisch-physikalischen Arbeiten stets gekoppelt mit der Notwendigkeit, die Physik mit technisch Machbarem zu verbinden. Als bemerkenswert erschien mir auch die Art und Weise des Herangehens an ein Problem: stets stand der Wille, das naturgesetzliche Wesen des untersuchten physikalischen Phänomens zu erfassen und zu begreifen, im Vordergrund. Erst in späteren Phasen wurden dann zunehmend mathematische Methoden angewendet. Diese Eigenschaften, nämlich die primäre Orientierung auf das Verständnis des Wesens der untersuchten physikalischen Erscheinung und die vielfältigen Erfahrungen im Umgang mit dem besonderen Materiezustand „Plasma“ waren offensichtlich die wesentlichen Voraussetzungen für das erfolgreiche Herangehen an den kosmischen Magnetismus. Besonders stark beeindruckt hat mich, daß Max Steenbeck als wissenschaftspolitisch und wissenschaftsorganisatorisch hochbelasteter Wissenschaftler gleichzeitig auch inhaltlich die Entwicklung eines modernen Fachgebietes maßgeblich zu beeinflussen in der Lage war.

Ich möchte im folgenden auf die Arbeiten von Steenbeck eingehen, die einen engen Bezug zur Planetologie haben. Es sind dies die bereits erwähnten Dynamo-Mechanismen zur Erzeugung kosmischer Magnetfelder in ihrer Anwendung insbesondere auf planetare, aber auch auf solare und stellare Magnetfelder.

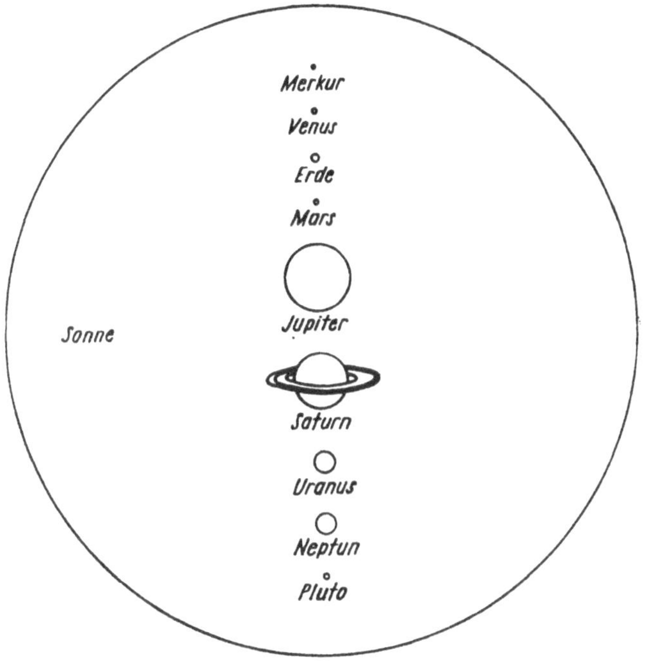

Abb. 1 Größenverhältnis im Sonnensystem

Die Abbildung 1 gibt die Größenverhältnisse der Planeten und der Sonne wieder. Wir wissen heute, daß von den aufgeführten Planeten der Merkur, die Erde und der Jupiter Magnetfelder planetarer Ausmaße haben. Umstritten ist noch die gegenwärtige bzw. eventuell frühere Existenz entsprechender großräumiger Felder beim Mars und beim Erdmond. Unbeantwortet ist auch noch die Frage nach der Existenz eines Magnetfeldes der Venus. Noch nicht direkt untersucht wurden die möglichen Magnetfelder von Saturn, Uranus, Neptun und Pluto und einiger ihrer Monde. Mit den Mitteln der Kosmosforschung wird sich zweifellos in den nächsten Jahren das Wissen auch über diese Planeten und ihre Monde vervollständigen. Gemeinsame Eigenschaften der bereits untersuchten planetaren Magnetfelder sind die im wesentlichen dipolartige Struktur (markante Abweichungen treten in den äußeren Teilen der Magnetosphären durch die Wechselwirkungen mit dem umströmenden Sonnenwind auf) und die ungefähre Parallelität der Magnetfeldachse mit der Rotationsachse, wobei übrigens beim Jupiter die entgegengesetzte Orientierung wie bei Merkur und Erde vorliegt.

Ich werde versuchen, im folgenden darzulegen, wie die von Steenbeck und seinen Schülern Krause und Rädler mit der von ihnen entwickelten „Elektrodynamik mittlerer Felder" für die Entstehung dieser planetaren Magnetfelder vorgeschlagenen Mechanismen sich in den Rahmen der auf anderen Wegen entwickelten Vorstellungen über den Aufbau der Planeten einpassen und wie sie Möglichkeiten bieten, diese Vorstellungen zu erweitern und zu präzisieren. Dabei muß ich aber auch darauf hinweisen, daß die Schaffung der „Elektrodynamik mittlerer Felder" nicht nur für Planetologie und Astrophysik von Bedeutung ist. Die mit dieser Methodik gefundenen Ansätze sind von großem Wert für viele Bereiche der theoretischen, experimentellen und technischen Physik. Sie sind bereits erfolgreich auf andere Disziplinen, wie Hydrodynamik und Thermodynamik, angewendet worden, und sie haben in der diesbezüglichen internationalen Fachliteratur einen anerkannten festen Platz eingenommen.

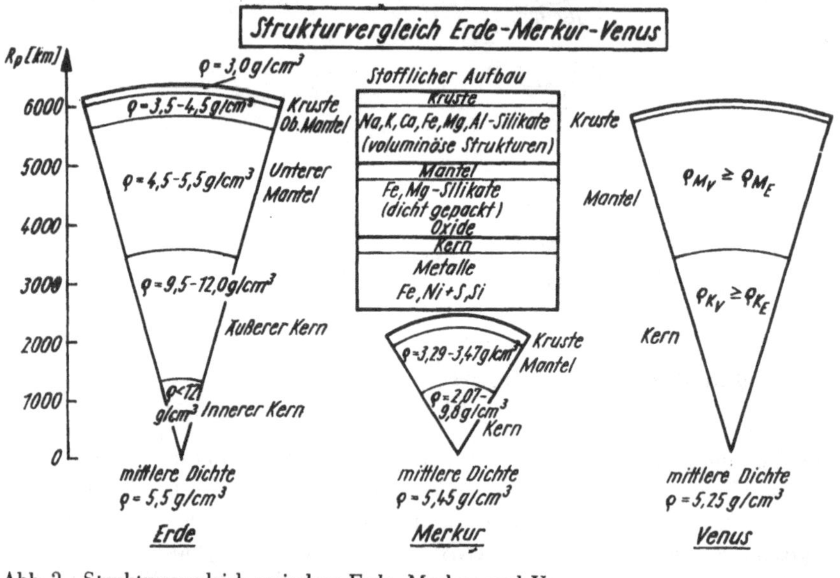

Abb. 2 Strukturvergleich zwischen Erde, Merkur und Venus

Die Abbildung 2 gibt einen Vergleich des inneren Aufbaus der Planeten Erde, Merkur und Venus. In Analogie zur Erde kann man auf Grund der herrschenden thermodynamischen Bedingungen und hochdruckphysikalischer Überlegungen vermuten, daß die in der Abbildung 2 dargestellten Planetenkerne zumindest teilweise flüssig sind und gleichzeitig über eine elektrische (metallische) Leitfähigkeit verfügen. Anders ist die Situation in den mit der Abbildung 3 dargestellten Körpern von Mond und Mars, deren planetare Entwicklung vermutlich vor dem Entstehen eines flüssigen Kernes praktisch abgeschlossen war. Ob allerdings zumindest zeitweilig doch ein flüssiger Kern existierte, kann gegenwärtig noch nicht mit Sicherheit ausgeschlossen werden.

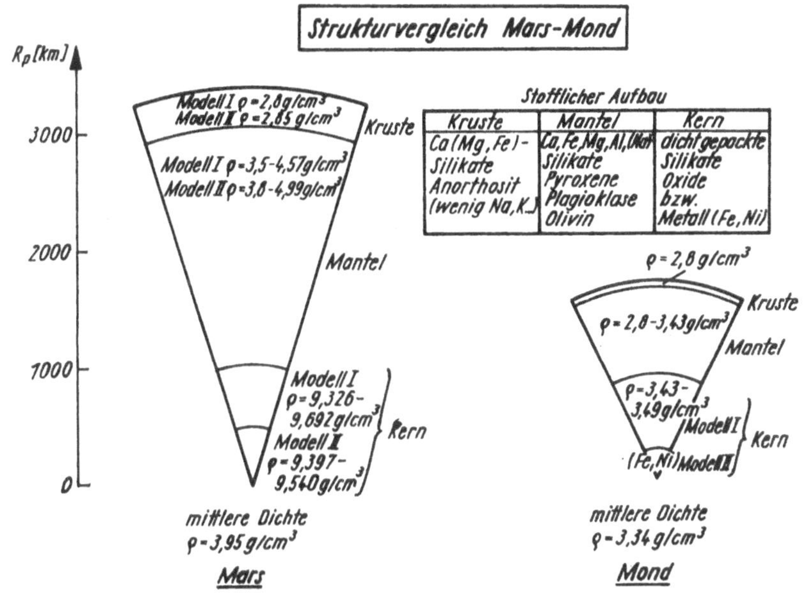

Abb. 3 Strukturvergleich zwischen Mars und Erdmond

Die mit der Abbildung 4 wiedergegebenen Werte neuester Modellrechnungen von Smoluchowski für Temperatur, Druck, Dichte und Bindungseigenschaften der Materie (im wesentlichen Wasserstoff) des Jupiter weisen darauf hin, daß bei diesem Großplaneten vermutlich bereits Schichten außerhalb des Metall-Isolator-Übergangs — und damit bis dicht unter die Oberfläche — eine gute elektrische Leitfähigkeit besitzen und damit Dynamowirkungen möglich sind. Erwähnt werden muß weiterhin, daß alle der genannten Planeten rotieren.

Diese drei Eigenschaften, nämlich Rotation, fluide und elektrisch leitende Materie im Planeteninneren, wie sie bei allen den Planeten auftreten, die ein Magnetfeld haben, sind im Rahmen der von Steenbeck initiierten Modellvorstellungen notwendige Voraussetzungen für die Existenz von Dynamomechanismen.

Die folgenden drei Abbildungen zur Illustration der Wirkung dieser Dynamomechanismen sind, das sei im Rahmen dieses Ehrenkolloquiums durchaus erwähnt, Originaldias aus der Zeit der ersten grundsätzlichen Überlegungen zu Dynamomechanismen mit α-Effekt. Hierbei ist übrigens zu bemerken, daß in der heutigen

Schreibweise anstelle des Magnetfeldes $\mathfrak{H}$ die magnetische Induktion $\mathfrak{B}$ verwendet wird. Diese Dias wurden mir von Schülern Steenbecks für diesen Vortrag zur Verfügung gestellt.

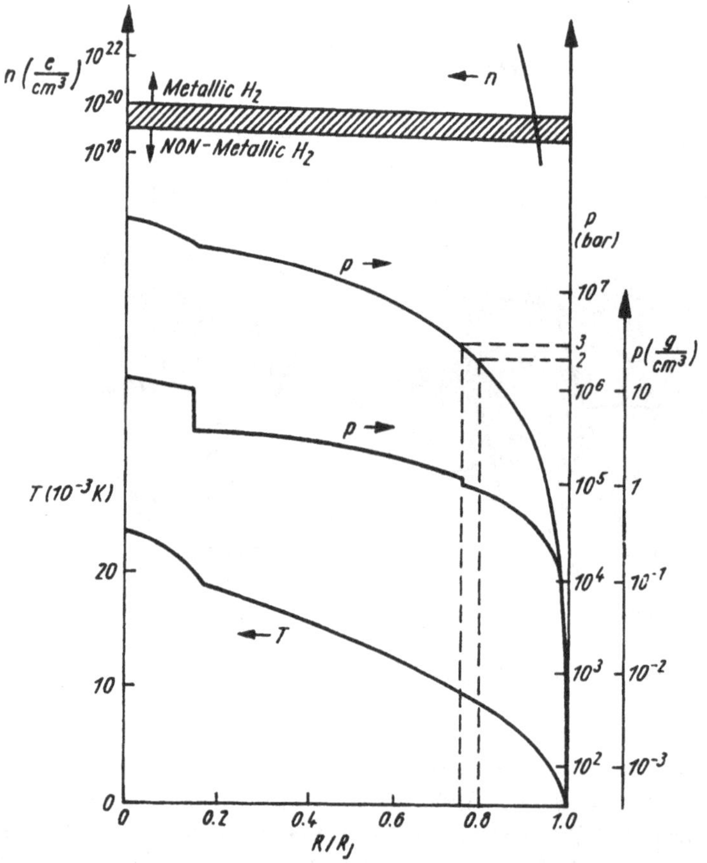

Abb. 4 Modellparameter für die Struktur des Planeten Jupiter

Die Abbildung 5 stellt die Bewegung aufsteigender (weil erwärmter) und dabei expandierender Materie (z. B. in der Sonne) dar. Als Folge der rotationsbedingten Corioliskraft überlagert sich dieser Bewegung noch eine Rotationsbewegung, die zu einer, z. B. von Zyklonen auch aus der Meteorologie bekannten, schraubenartigen Bewegung führt. Ist nun diese aufsteigende Materie elektrisch leitend und erfolgt die Bewegung in einem Magnetfeld, das in der Abbildung 6 durch in die Papierebene gerichtete Pfeile dargestellt wird, so führt (die mit dem langen Pfeil gekennzeichnete) aufsteigende Bewegung zu der üblichen Induktionswirkung. Die Wechselwirkung der mit den Kreisen dargestellten Zirkulation erzeugt in der dem

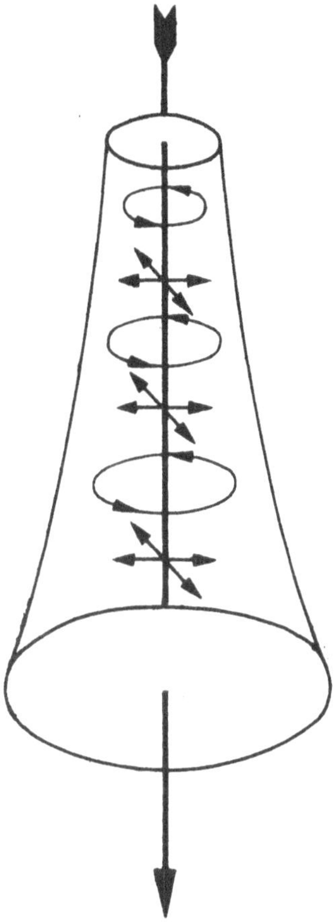

Abb. 5
Zyklonartig aufsteigende Materie

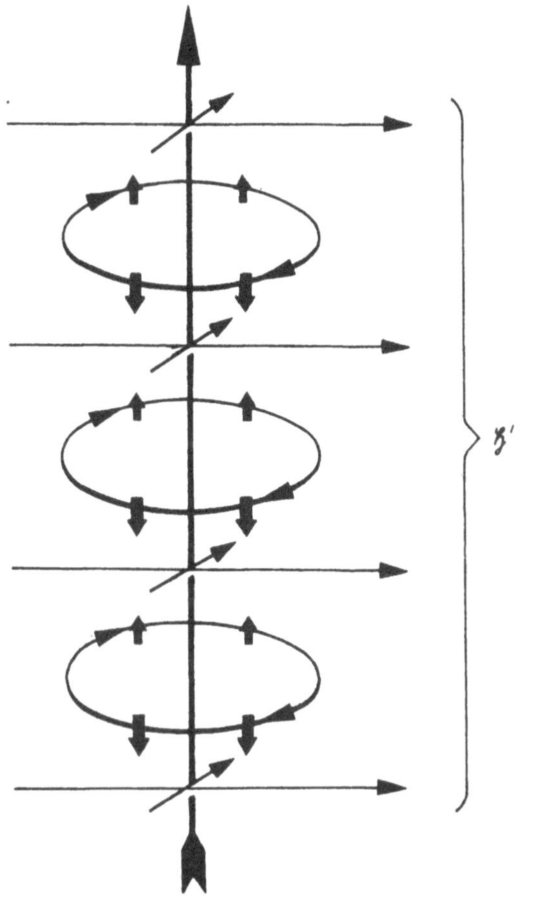

Abb. 6
Anschauliche Darstellung des Alpha-Effektes

Betrachter näher liegenden Hälfte der Zirkulationsbewegung eine elektromotorische Kraft und damit einen Strom, der abwärts gerichtet ist. Der dem Betrachter ferner liegende Teil der Zirkulation führt letztlich zu einem aufwärts gerichteten Strom. Als Folge dieses Stromsystems entsteht ein zusätzliches Magnetfeld, das mit den nach rechts gerichteten Pfeilen dargestellt wird. Die Wechselwirkung dieses Magnetfeldes mit der Aufwärtsbewegung erzeugt dann eine elektromotorische Kraft parallel zu dem ursprünglichen Magnetfeld. Dieser von Steenbeck, Krause und Rädler im Rahmen einer systematischen Zusammenstellung als „α-Effekt" bezeichnete Prozeß ist also durch einen elektrischen Strom parallel zum Magnetfeld gekennzeichnet. Damit ist ein entscheidender Mechanismus gefunden, um z. B. aus toroidalen (ringförmigen) Magnetfeldstrukturen poloidale Felder (mit in Meridianebenen liegenden Feldlinien — wie z. B. beim Dipol) zu gewinnen, die ihrerseits zum weiteren Aufbau der toroidalen Felder und umgekehrt (selbsterregender Dynamo) führen können (vgl. Abbildung 7).

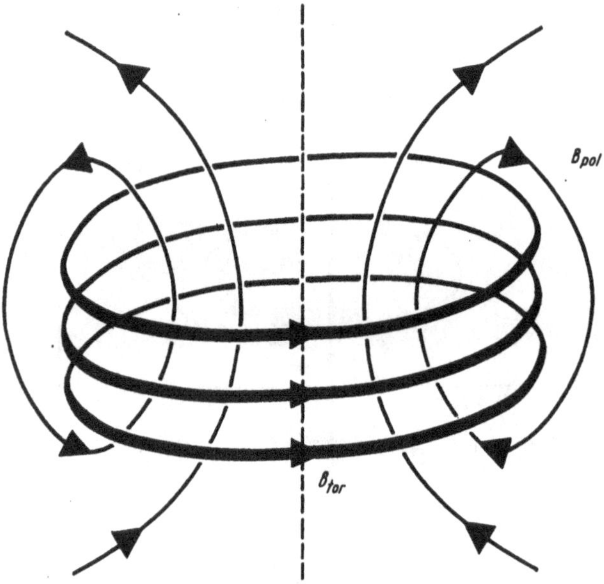

Abb. 7 Toroidale und poloidale Felder

Die mit den Methoden der „Elektrodynamik mittlerer Felder" entwickelten Dynamo-Modelle zum Aufbau kosmischer Magnetfelder zeigen, daß es damit prinzipiell möglich ist, sowohl planetare „Gleichfelddynamos" zur Erzeugung der praktisch über größere Zeiträume hinweg stabilen planetaren Magnetfelder als auch „Wechselfelddynamos", wie sie z. B. zur Erklärung der wechselnden Sonnenaktivität benötigt werden, zu beschreiben. Diese Modelle reproduzieren auch in sehr schöner elementarer Weise das aus der Sonnenphysik bekannte „Schmetterlingsdiagramm" (Abbildung 8), das besagt, daß das Auftreten von Sonnenflecken sich im Verlauf des Sonnenfleckenzyklus aus mittleren in niedere heliographische Breiten verschiebt. In ebenfalls sehr einleuchtender Weise können mit diesen Modellen die beobachteten magnetischen Polaritäten verstanden werden.

Der zu diesen Modellen führende und aus der erwähnten „Elektrodynamik mittlerer Felder" resultierende mathematische Ausdruck für die gemittelte Induktionswirkung der Schwankungsanteile des Geschwindigkeitsfeldes und des Magnetfeldes ist in der Abbildung 9 wiedergegeben. Die verwendeten Symbole sind die üblichen. Die Mittelung wird mit einem Querstrich dargestellt, Schwankungsan-

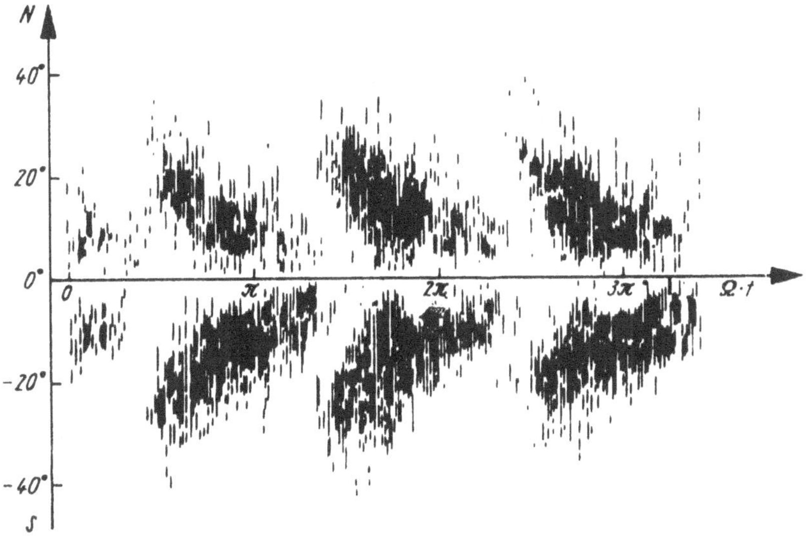

Abb. 8 a) MAUNDERsches „Schmetterlingsdiagramm" der Breitenverteilung von Sonnenflecken

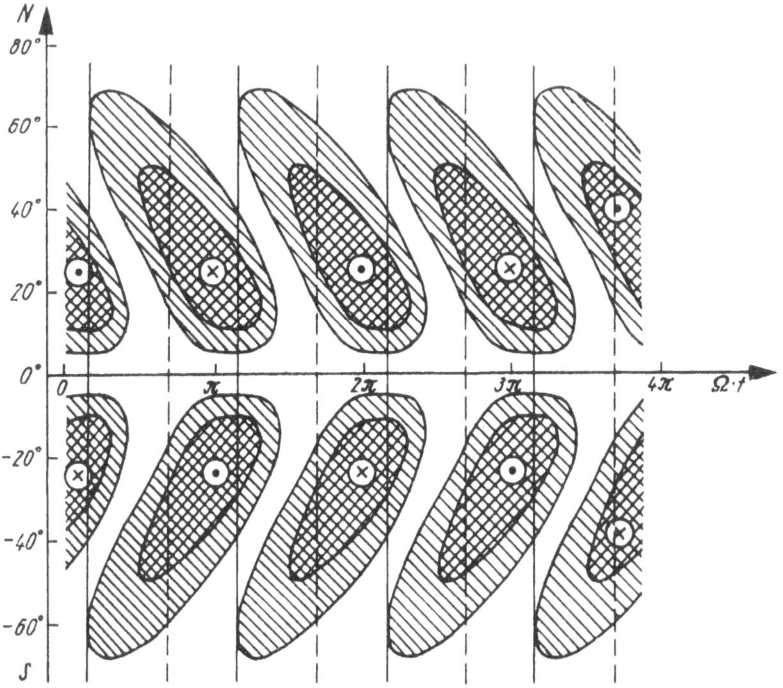

Abb. 8 b) Berechnetes „Schmetterlingsdiagramm" von STEENBECK, KRAUSE und RÄDLER

teile sind durch einen Strich gekennzeichnet, τ ist eine Korrelationszeit. Zu dieser Abbildung ist zu bemerken, daß der erste Term auf der rechten Seite der bekannte Ohmsche Anteil ist, mit dem in diesem Falle also eine zusätzliche Leitfähigkeitsänderung beschrieben wird. Der zweite Term stellt den Transport des Magnetfeldes als Folge der Turbulenz dar. Der hier zur Diskussion stehende α-Effekt wird mit dem dritten Term beschrieben, der, wie bereits erwähnt, eine elektromotorische Kraft parallel zum Magnetfeld darstellt. Die beiden letzten Terme seien hier nicht weiter diskutiert, sie sind eine Folge von Anisotropien und Vorzugsrichtungen. Der interessierte Zuhörer sei wegen weiterer Details auf die Arbeiten von Steenbeck, Krause und Rädler verwiesen.

rotation, $\quad \omega = \text{const.}$

$$\overline{(v' \times B')} = -\frac{1}{3}\,\overline{v'^2}\,\tau_c \cdot \mu\,\bar{i}\; -$$

$$-\frac{1}{6}\left\{\tau_c \operatorname{grad} \overline{v'^2} + \tau_c^{\,2}\,\omega \times \operatorname{grad} \overline{v'^2}\right\} \times \bar{B}\; -$$

$$-\frac{4}{15}\,\tau\tau_c\,\overline{v'^2}\left\{\underbrace{4\left(\omega \cdot \operatorname{grad} \log \varrho \sqrt{\overline{v'^2}}\right)}\bar{B} - (\omega \cdot \bar{B}) \operatorname{grad} \log \varrho \sqrt{\overline{v'^2}} - \left(\operatorname{grad} \log \varrho \sqrt{\overline{v'^2}} \cdot \bar{B}\right)\omega\right\}$$

$$\tau_c = \begin{cases} \tau & \tau \ll \mu\sigma\lambda^2 \\ \frac{1}{3}\,\mu\sigma\lambda^2 & \mu\sigma\lambda^2 \ll \tau \end{cases}$$

Abb. 9 Mathematische Darstellung der gemittelten Induktionswirkung der Schwankungsanteile von Geschwindigkeits- und Magnetfeld nach Steenbeck, Krause und Rädler

Die mit derartigen Dynamomodellen für planetare und stellare Magnetfelder durch den Vergleich mit den realen planetaren bzw. stellaren Magnetfeldern ableitbaren Aussagen über Struktur und Eigenschaften der fluiden elektrisch leitfähigen Bereiche bzw. Schichten im Inneren von Planeten und Sternen betreffen z. B. Aussagen über die elektrische Leitfähigkeit, die Viskosität sowie inneres Konvektions- und Rotationsverhalten. Diese Arbeiten sind nicht abgeschlossen. Sie bedürfen sowohl einer Weiterentwicklung der Dynamo-Mechanismen hinsichtlich quantitativer Ergebnisse, d. h. mit Hilfe nichtlinearer Modellierungen, als auch der Einbeziehung hochdruckphysikalischer Methoden hinsichtlich des Verhaltens der Materie unter extremen Temperatur- und Druckbedingungen.

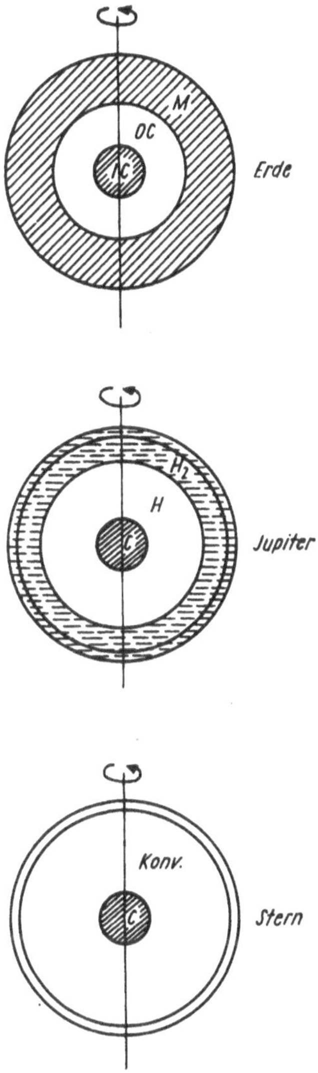

Abb. 10 Grundtypen von Himmelskörpern, in denen Dynamomechanismen wirken können

Die Abbildung 10 stellt noch einmal schematisch die drei Grundtypen der uns mit den gegenwärtigen geophysikalischen- astrophysikalischen und kosmischen Methoden zugänglichen Himmelskörper dar (erdähnliche Planeten, Großplaneten, Sterne), deren innerer Aufbau durch ein so skizziertes künftiges Herangehen wesentlich besser untersuchbar sein wird.

Zusammenfassend darf ich feststellen, daß die Steenbeckschen Ideen zur Entstehung kosmischer Magnetfelder, die übrigens anfangs mit besonderer Blickrichtung auf die Sonne bearbeitet und in unserer Akademie mit dem Leibnizvortrag 1961 vorgestellt wurden, sich international erfolgreich entwickelt haben und eine gute Grundlage für eine perspektivische Weiterentwicklung darstellen.

Literatur

1. M. Steenbeck: Beitr. Plasmaphysik 1 (1960/61) 153.
2. M. Steenbeck, F. Krause, und K.-H. Rädler: Sitzungsber. DAW Berlin, Kl. Math. Phys. Techn. H. 1 (1963).
3. M. Steenbeck, F. Krause, und K.-H. Rädler: Naturforsch. 21 a (1966) 369.
4. F. Krause, und K.-H. Rädler: Elektrodynamik der mittleren Felder in turbulenten leitenden Medien und Dynamotheorie, in: Ergebnisse der Plasmaphysik und der Gaselektronik, Band II (Herausgeber: R. Rompe und M. Steenbeck), Akademie-Verlag Berlin (1971), 3—154.
5. R. Smoluchowski: Origin of the magnetic fields in the giant planets, Phys. Earth Planet. Interiors, in press (Sept. 1979).
6. H. Stiller: Ergebnisse und Probleme bei der Erforschung des Erdkörpers, Wiss. Zeitschrift der TU Dresden, 24 (1975) Heft 3/4, 753—757.

Klaus Fuchs und Karl Rambusch

Kernenergetik — gestern — heute — morgen

Verehrter Jubilar!

Die Autoren dieses Vortrages, unser Mitglied Karl Rambusch und ich, möchten Dir zu Deinem 75. Geburtstag auf das herzlichste gratulieren. Unsere Glückwünsche möchten wir verbinden mit dem Versuch, Deine Leistungen für die Entwicklung der Kerntechnik im internationalen Maßstab und besonders in unserer Deutschen Demokratischen Republik an einigen Beispielen zu würdigen. Drei Richtungen haben wir herausgegriffen: die Beschleunigertechnik, die Isotopentrennung und den Kernkraftwerksbau.

I

Bereits 1927, das heißt drei Jahre vor der ersten Arbeit von Ernest O. Lawrence, hat Max Steenbeck die grundlegenden Ideen entwickelt zur Beschleunigung von Wasserstoffionen in einem magnetischen Resonanzbeschleuniger, der mittlerweile unter dem Begriff Zyklotron bekannt ist. Auf Drängen von Berliner Kollegen verfaßte er hierüber eine Notiz mit einem Zahlenbeispiel für die Zeitschrift „Naturwissenschaften", die aber von seinem Chef bei Siemens mit der Aufforderung „Zur gelegentlichen Rücksprache" beantwortet wurde. Auf diese Rücksprache hat Max Steenbeck leider verzichtet. In dieser unveröffentlichten Notiz hatte er über das einfache Zyklotronprinzip hinausgehend vorgeschlagen, die relativistische Massenzunahme bei höheren Energien durch eine leichte Zunahme des Magnetfeldes in radialer Richtung zu kompensieren. Doch erkannte er bald, daß dieser Vorschlag im Widerspruch stand zu den Bedingungen, die eingehalten werden müssen, um stabile Bahnen zu gewährleisten. Die Beschäftigung mit den Stabilitätsbedingungen sollte später für die Entwicklung des Betatrons entscheidend werden.

Der Gedanke, das Induktionsgesetz zur Beschleunigung von Elektronen zu nutzen, ist wohl zuerst von dem amerikanischen Ingenieur Slepan in Form einer Patentanmeldung zur Erzeugung harter Röntgenstrahlen aus dem Jahre 1922 fixiert worden. Während Slepan sich mit seiner Patentanmeldung begnügte, begann der Norweger Wideröe in den Jahren 1925—1927 praktische Versuche zur Verwirklichung dieser Idee. Er erkannte die Bedingung für die Existenz des Sollkreises, auf dem die Beschleunigung der Elektronen erfolgen kann. Er stellte fest, daß die Feldstärke am Sollkreis die Hälfte der mittleren Feldstärke im Sollkreis sein muß. Doch hatte er nicht die Bedeutung der Stabilitätsbedingungen erkannt, die erfüllt sein müssen, damit die Elektronen bei geringfügigen Abweichungen vom Sollkreis auf diesen zurückgeführt werden. Das von ihm genutzte Führungsfeld war unzulänglich, und seine Bemühungen blieben daher ohne Erfolg.

Durch ein Patent zur Stabilität von Teilchenbahnen in einem magnetischen Feld auf Max Steenbeck aufmerksam gemacht, erteilte ihm Siemens & Halske den Auftrag, eine Elektronenschleuder, wie das Betatron damals genannt wurde, zu bauen. Er hatte schon die Abnahme des Magnetfeldes mit zunehmendem Abstand von der Feldmitte als notwendige Bedingung erkannt. Jetzt mußte das Problem bis ins letzte Detail geklärt werden. In seiner Patentschrift aus dem Jahre 1935 ist das Stabilitätsproblem eingehend untersucht. Er gab sowohl die allgemeine Bedingung als auch die besondere Form des Feldes in Sollkreisnähe an, die beachtet werden müssen, damit alle Höhenflüge und Seitensprünge der Elektronen automatisch korrigiert werden.

In den Jahren 1933 bis 1935 baute er bei Siemens & Schuckert unter den festgelegten Bedingungen strenger Geheimhaltung und unter Überwindung anderer Schwierigkeiten das erste funktionierende Betatron. Damit wurde eindeutig der Beweis geliefert, daß mit relativ geringem Aufwand Elektronen auf Energien von 1,9 MeV beschleunigt werden können. Allerdings blieb die Strahlungsausbeute hinter den Erwartungen zurück. Sie war nur mit Zählrohren feststellbar. Die Mittel für ein zweites Muster wurden nicht bewilligt. Die Interessen von Siemens waren zunächst durch den Besitz des Patentes abgesichert. „Mir blieben nur ein grollender Ärger — berichtet Max Steenbeck [1] — und neue dringende Aufgaben". Auch grollender Ärger — darf man wohl rückblickend hinzufügen — hat eine positive Seite, wenn er hilft, die Erkenntnis reifen zu lassen, die dem Groll die richtige Richtung gibt.

Der grundlegende Gedanke des Zyklotronprinzips, Teilchenbeschleunigung in Resonanz mit konstanter Hochfrequenz, beschäftigte Max Steenbeck aber auch in späteren Jahren immer wieder. Während seiner Arbeit in der Sowjetunion nach dem Ende des 2. Weltkrieges wurde er durch L. A. Artzimowitsch angeregt, seine Gedanken über ein sogenanntes Epizyklotron vorzutragen. Dies geschah im Sommer 1948 im Rahmen eines Kolloquiums im Moskauer Kurtschatow-Institut.

In seiner Veröffentlichung in der „Kernenergie" im vergangenen Jahr [2] deklariert Max Steenbeck seinen Vorschlag schlicht und einfach als einen „nach dem klassischen Zyklotronprinzip mit geänderter Elektroden- und Magnetfeldgeometrie stationär arbeitenden Beschleuniger". Doch welch originelle Idee verbirgt sich hinter dieser „abgeänderten Geometrie"! Eine ringförmige Ionenquelle, konzentrische Ringelektroden zur Beschleunigung demonstrieren die für Max Steenbeck charakteristische Denkweise, aus den eingefahrenen Gleisen auszubrechen und mit Hilfe im Grunde wohlbekannter Gesetzmäßigkeiten neuartige Effekte zu erzielen. So haben die auf Epizykloiden ähnlichen Bahnen sich bewegenden Ionen einen viel größeren

Spielraum zur Verfügung und können daher mit hoher Intensität und trotzdem guter Energieschärfe auf ein Target fokussiert werden.

Das Ziel war eine Beschleunigung von leichten Ionen mit hoher Intensität und bis zu Energien von etwa 10 MeV/Nukleon. Zur damaligen Zeit wurde eine Weiterführung dieser Arbeit abgelehnt, da sie nicht dem damaligen Trend nach hohen Energien entsprach. — Nach seiner Rückkehr in die DDR griff Max Steenbeck diese Vorstellungen wieder auf und entwickelte sie in Richtung auf ein Zyklotron für mittelschwere Ionen und hohe Intensitäten weiter.

Eine Reihe schwieriger Probleme harrt noch der Lösung — wie könnte dies bei einer originellen Steenbeck-Idee anders sein. Doch zweifeln wir nicht, daß auch diese Idee ihre Zukunft hat.

Ein solcher Beschleuniger wäre heute von großem Wert im Hinblick auf aktuelle Probleme der Kernphysik, betreffend z. B. die zu erwartende Stabilitätsinsel bei superschweren Kernen oder die Eigenschaften von Kernzuständen mit hohem Spin. Doch auch für praktische Probleme der Materialprüfung für kerntechnische Zwecke und zur Lösung von Aufgaben der Kernfusion eröffnet dieser Beschleunigertyp neue effektivere Untersuchungsmethoden.

II

Die Steenbecksche Art, technische Aufgabenstellung mit einfallsreicher Phantasie und einem Spürsinn für das technisch Sinnvolle und für die ausschlaggebenden Details anzupacken, feierte ihren ausgeprägtesten Triumph bei der Bewältigung des Problems der Isotopentrennung mit Hilfe der Gaszentrifuge.

Das Interesse an der Isotopentrennung hatte schon frühzeitig seine wissenschaftliche Laufbahn beeinflußt. Nach dem 2. Weltkrieg wurde für die Zeit seines Aufenthaltes in der Sowjetunion die Trennung der Uran-Isotope sein Aufgabengebiet.

Der erste Angriff auf die gestellte Aufgabe, ein Verfahren für die technische Trennung der Uranisotope zu konzipieren, führte zu der originellen wissenschaftlich fundierten aber technisch schwer realisierbaren Idee der Trenndüse. Die Beschäftigung mit diesem Vorschlag zeitigte drei wertvolle Ergebnisse. Erstens: Die Verteidigung endete mit der Ablehnung; auch eine Ablehnung ist — nicht zuletzt auch nach der Lehre von Max Steenbeck — ein wertvolles Ergebnis. Zweitens lernte Max Steenbeck an diesem Beispiel die harten, in die wissenschaftliche Tiefe gehenden und sich an objektiven gesellschaftlichen Erfordernissen orientierenden Diskussions- und Planungsmethoden der sowjetischen Spitzenwissenschaft kennen. Beim Vergleich mit den ihm aus seiner Siemens-Zeit bekannten und durch Konzerninteressen bestimmten Methoden der Entscheidungsfindung, konnten seinem Scharfblick die Abhängigkeit von den gesellschaftlichen Bedingungen nicht entgehen.

Für die nächste Zukunft war jedoch eine dritte Erkenntnis vorrangig. Als Nebenprodukt war die Konstruktion einer Zentrifuge begonnen, welche über die Bestimmung der Dichte suspendierter Teilchen ein Gerät zur Isotopenanalyse werden sollte. Die dabei entwickelten konstruktiven Ideen wurden jetzt auf die Gaszentrifuge zur Isotopentrennung übertragen.

Mit der Entwicklung von Zentrifugen für diesen Zweck beschäftigten sich während und nach dem 2. Weltkrieg verschiedene Gruppen, u. a. im damaligen Deutschland, in England und in den USA. Sie alle dachten in den Kategorien der hergebrachten Technik, deren Leistungsfähigkeit in ein Gebiet neuer Dimensionen gesteigert werden mußte. Das kennzeichnete auch mein Herangehen, als ich während des 2. Weltkrieges einmal den Auftrag erhielt, dem Wissenschaftsberater von Churchill, Prof. Lindemann — dem späteren Lord Cherwell — die Idee auszureden, Zentrifugen für die Isotopentrennung einzusetzen. Doch auch in England wurde später diese Entwicklung noch einmal aufgegriffen, wobei die in Hamburg von Harteck erzielten Ergebnisse einbezogen wurden. Ich muß gestehen, daß mir von meinem Besuch in Hamburg im Jahre 1946 nur der Anblick der durch Feuersturm zerstörten Stadt im Gedächtnis geblieben ist. Soviel zu meiner mangelhaften Legitimation, etwas zu dieser Frage zu sagen. Das Ergebnis aller angeführten Bestrebungen war negativ. Die komplizierten Probleme, die diese langen, dickwandigen, starren, vibrierenden, schwingenden und enormen mechanischen Belastungen unterworfenen Röhren mit sich brachten, fanden keine technisch verwertbare Lösung. Es waren und blieben schwere, am oberen Lager aufgehängte, langgestreckte Ungetüme, die jederzeit — durch Umwuchtprobleme provoziert — zu mörderischen Projektilen zerplatzen konnten.

In diesem Falle kann das negative Ergebnis nicht als wertvoll bezeichnet werden. Denn das negative Ergebnis war durch falsche Lösungswege bedingt — wie unser Jubilar bewiesen hat.

In seiner Phantasie sollten die Zentrifugen leichtfüßige Tänzerinnen sein. Er verlangte dünnwandige Röhren, die sich wie Kreisel drehen sollten. Auf der Spitze eines kurzen, leicht biegsamen Drahtes rotierend, sollte jede Röhre als Rotationsachse nach eigener Wahl die Hauptträgheitsachse suchen. Nicht starr, sondern biegsam wie ein Gummischlauch sollte sie sein, damit durch behutsame geschickte Führung die Dämpfung unliebsamer Schwingungen erfolgen konnte. Kein Wunder, daß am Ort des Geschehens in Suchumi die Nachricht kursierte: „Die ganze Gruppe Steenbeck spinnt.“ Doch aus Max Steenbecks Spinnerei ging das Produkt hervor, dem nachträglich vom Präsidenten der USA das internationale Gütezeichen „Geheim“ verliehen wurde. Wer hätte auch Kennedy erklären können, daß der Erfinder als geachteter Professor in einer nicht existierenden DDR lebte.

Daß das Glück dem Tapferen hold ist, bewahrheitete sich auch hier. Die raffiniert faszinierende Idee einer nicht rotierenden Bremsscheibe am oberen Ende der Röhre, welche Max Steenbeck im ersten Jahrgang der Zeitschrift „Kernenergie“ im Jahre 1958 beschrieben hat [3], ist auf den Zufall zurückzuführen, daß das ursprünglich vorgesehene konische Ansatzstück beim Montieren der Zentrifuge vergessen wurde. Der Zweck wurde noch besser erfüllt. Das veränderte radiale Druckgefälle am oberen Ende erzeugt eine Druckverteilung über die Länge der Röhre, die zu der gewünschten vertikalen Zirkulation und somit zur Selbstkaskadierung führt.

Entgegen dem eindringlichen Ratschlag von Max Steenbeck hatten einige Mitarbeiter, die nach Abschluß ihrer Arbeiten in der Sowjetunion den Weg in die BRD wählten, ihre Kenntnisse dort zur Verfügung gestellt und an der Entwicklung westdeutscher Zentrifugen mitgewirkt. Dies wurde aktuell im Zusammenhang mit dem Kampf für den Abschluß des Atomwaffensperrvertrages. Das Problem einer drohenden Weiterverbreitung der Kernwaffen war keineswegs platonisch. Es hatte eine konkrete Richtung und diese hieß „Bundesrepublik Deutschland". Dort war damals die Gefahr akut. Und so taten wir das, was nur wir Wissenschaftler tun konnten und was damals notwendig war. In kurzem Abstand erschienen 1965/66 zwei Artikel im Neuen Deutschland [4, 5] über die Möglichkeit der Herstellung von Atombomben in der BRD, die in der internationalen Debatte zu dieser Frage starke Beachtung fanden und heftige Gegenreaktionen in der BRD hervorriefen. Mir persönlich war es eine besondere Freude, daß Max Steenbeck mit seiner persönlichen und wissenschaftlichen Autorität und mit konkreten Aussagen zu den Möglichkeiten eines militärischen Mißbrauchs der Isotopentrennung mit Zentrifugen meine aus der Sicht der Reaktorentwicklung abgeleiteten Mahnungen unterstützte. Zusammen mit anderen Wissenschaftlern erarbeiteten wir ein Dokument, welches vom Außenministerium unter dem Titel „Wissenschaftlich-technisches Gutachten über die Schaffung von Voraussetzungen zur Produktion von Kernwaffen in der westdeutschen Bundesrepublik" veröffentlicht wurde [6]. Es war unterschrieben von Max Steenbeck, Klaus Fuchs, Karl Rambusch, Justus Mühlenpfordt und Karl-Friedrich Alexander, die heute alle Mitglieder der Akademie der Wissenschaften der Deutschen Demokratischen Republik sind. Jeder von uns hat das Bekenntnis zum gesellschaftlichen Engagement, welches diese Unterschrift beinhaltete, in der einen oder anderen Weise fortgeführt. Beispielgebend für uns alle tat dies Max Steenbeck, dessen hervorragende Arbeit für die Erhaltung des Friedens, auf die Robert Rompe in der Eröffnung hingewiesen hat, von der Regierung der UdSSR mit der Verleihung des Ordens der Völkerfreundschaft gewürdigt wurde.

III

Nach seiner Rückkehr in die DDR — inwieweit es Rückkehr oder Ankunft in Neuland war, hat er selbst beschrieben [7] — leistete Max Steenbeck einen außerordentlich bedeutsamen Beitrag zur Entwicklung der Kernenergetik in der DDR.

Der Ko-Autor dieses Vortrages, Karl Rambusch, hat als Leiter des Amtes für Kernforschung und Kerntechnik sowie als Stellvertreter und Nachfolger von Max Steenbeck in der Leitung des VEB Entwicklung und Projektierung kerntechnischer Anlagen diese Leistung aus nächster Nähe kennen- und schätzengelernt. Max Steenbeck hat das kerntechnische Arbeitskollektiv dieses Betriebes gebildet und erzogen. Durch den Einsatz seiner Persönlichkeit für die Belange der Kernenergie bei Partei- und Staatsinstanzen hat er die Entwicklung maßgeblich beeinflußt. Er förderte und erleichterte die Zusammenarbeit mit sowjetischen Dienststellen, insbesondere beim

Atomkomitee und seinem Vorsitzenden, Genossen Jemeljanow. Die sowjetischen Genossen kannten seine Aufrichtigkeit, die auch der Leiter des AKK bald erfahren konnte und schätzen lernte.

Max Steenbeck übernahm in einem Vertrag vom 1. 1. 1957 die Verpflichtung, unter seiner Leitung ein wissenschaftliches Arbeitskollektiv zu bilden, das „Die beim Aufbau des ersten Kernkraftwerkes der DDR in wissenschaftlicher Hinsicht anfallenden Fragen durcharbeitet". Er sollte „dieses wissenschaftliche Arbeitskollektiv durch entsprechende Anleitung und Kontrolle sowie Vorschläge so fördern, daß es bei Ablauf des Vertrages in der Lage ist, die mit Kernenergie arbeitenden zukünftigen Kraftwerke der DDR wissenschaftlich-technisch zu planen und zu entwickeln".

Der Vertrag war mit einer Laufzeit von 3 Jahren abgeschlossen worden. Am 7. 9. 1960 stellt Max Steenbeck in einem Schreiben an den Ministerpräsidenten Willi Stoph fest: „Das in dem Vertrag geforderte wissenschaftliche Arbeitskollektiv ist aufgebaut worden, seine rechtliche Stellung erhielt es mit der am 14. 6. 1958 erfolgten Errichtung des Wissenschaftlich-technischen Büros für Reaktorbau (WTBR), das ich seit seiner Gründung als Direktor leite. Es ist in wissenschaftlich-technischer Hinsicht soweit entwickelt, daß es die zur Berechnung und Konstruktion eines in der DDR zu bauenden Kernkraftwerkes nötigen Arbeiten in Angriff nehmen kann. Nach meiner Auffassung ist daher der bestehende Vertrag inhaltlich voll erfüllt."

Ab 1. 1. 1961 war Karl Rambusch Max Steenbecks Stellvertreter mit der Vorgabe, daß er nach seiner Abberufung als Leiter des Amtes für Kernforschung und Kerntechnik die Funktion von Max Steenbeck voll übernehmen wird. Am 26. 3. 1961 wurde durch die Zusammenführung des WTBR mit einer starken Projektierungsgruppe von etwa 120 Ak vom VEB Energieproj. Berlin der VEB Entwicklung und Projektierung kerntechnischer Anlagen (EPKA-Berlin) gegründet.

Zwischen Max Steenbeck und Karl Rambusch wurde vom ersten Tag an eine Arbeitsteilung durchgeführt. Max Steenbeck betreute weiterhin die Physikabteilung und vertrat die Kernenergie bei den Partei- und Regierungsstellen. Karl Rambusch mußte sich um die Leitung des Betriebes sowie die Projektierung und Konstruktion kümmern, da der neue Betrieb die Erarbeitung des Ausführungsprojektes des Kernkraftwerkes (KKW) Rheinsberg übernehmen mußte.

Eine fruchtvolle harmonische Zusammenarbeit entwickelte sich zwischen beiden, bis Max Steenbeck am 30. 8. 1962 aus dem Betrieb ausschied.

Die durch diese Angaben kurz umrissene Tätigkeit von Max Steenbeck war für die Entwicklung der Kernenergie in der DDR von außerordentlicher Bedeutung. Auf Grund seiner Persönlichkeit und seines wissenschaftlichen Ansehens verstand er es, in einer sehr kurzen Zeit ein fähiges Arbeitskollektiv zu schaffen. Einer von den jungen Wissenschaftlern, die damals zu ihm stießen, heute Professor an einer unserer Hochschulen, erinnert sich:

„Vor allen Dingen hat uns sein wissenschaftlicher Ruf gelockt, und in dieser Beziehung hat er auch alles, was unseren Erwartungen entsprach, gehalten. ...

Wichtig war wohl, daß wir genügend Spielraum hatten, um unsere Interessen zu entwickeln, ohne dabei reglementiert zu werden. So konnte sich jeder einzelne entwickeln, und das Engagement, das man als junger Mensch entwickelt, wurde ohne laute Reden gefordert. ... Wenn wir Vorträge halten mußten, war er immer ein aufmerksamer und kritischer Zuhörer. Wir bekamen dann eine Menge Fragen gestellt, durch die wir zu neuem Nachdenken veranlaßt wurden." Ein anderer seiner damaligen jungen Mitarbeiter schreibt zur gleichen Thematik: „Beliebt und gefürchtet waren damals die regelmäßigen Kolloquien, die reihum jeden der Mitarbeiter zu Wort kommen ließen und allen alle Fragen zu stellen gestatteten. Es war nicht nur ein sich gegenseitiges Verstehen von Mitarbeitern verschiedener Disziplinen, sondern eine schöpferische Atmosphäre."

Das Arbeitskollektiv, das Max Steenbeck schuf, zeichnete sich durch die Zusammenführung von Physikern, Mathematikern, Thermodynamikern, Konstrukteuren und Verfahrensingenieuren aus. Das Kollektiv als Ganzes und die einzelnen Arbeitsgruppen erhielten konkrete Aufgaben. In den ersten Jahren waren diese Arbeiten noch „Übergangsaufgaben, Schularbeiten", jedoch immer darauf orientiert, daß die Lösungen den Anforderungen der Industrie und der Praxis genügen müssen. Eine große Anzahl von Kernkraftwerksvarianten wurde bearbeitet, besondere Belade- und Umladekonstruktionen entwickelt, die am Ende die Erkenntnis brachte, daß unter den gegebenen Bedingungen und dem Stand der Technik sowie unter Berücksichtigung aller Möglichkeiten, die für das KKW Rheinsberg gefundene Lösung die vernünftigste ist. Diese ersten Arbeiten sollten sich bei der Durcharbeitung und Verteidigung des Technischen Projektes für das KKW Rheinsberg besonders auszahlen. Auf Grund seiner prinzipiellen Fragestellungen und insbesondere seiner Überlegungen über Sicherheitsanforderungen ist es Max Steenbeck zu verdanken, daß das KKW bis heute allen Anforderungen genügt.

Er verstand es auch, in der Industrie für die Kernenergie Resonanz zu finden. Als geschlossene Leistung des Kollektivs des WTBR unter seiner Leitung muß die Erarbeitung eines technischen Projektes für die 2. Baustufe des KKW Rheinsberg mit einem Druckwasserreaktor von 100 MWe gelten. An dieser Aufgabe konnten sich die verschiedenen Arbeitsgruppen entwickeln und die notwendigen interdisziplinären Arbeiten kennenlernen.

Besondere Sorgfalt wurde damals auf die Reaktorauslegung und Reaktorregelung gelegt. Die Borsäureregelung wurde untersucht und als Teilregelung in Vorschlag gebracht. Dieses Projekt wurde mit Erfolg bei dem zuständigen Institut in Moskau im Sommer 1960 verteidigt. Das von Max Steenbeck intensiv verfolgte Ziel, daß unser Kollektiv bald und vollinhaltlich Partner zu Arbeitskollektiven in der UdSSR werde, konnte damit erreicht werden. Die Zweckmäßigkeit und ein Nutzen aus diesen Arbeiten konnten bei der Erarbeitung des Ausführungsprojektes für KKW Rheinsberg erkannt werden. Man kann feststellen, daß ohne diese Studien und Entwürfe sowie ohne die Bearbeitung eines Technischen Projektes die sehr umfangreiche Erarbeitung der Ausführungsunterlagen mit zahlreichen neuartigen konstruktiven Lösungen von der DDR-Seite nicht möglich gewesen wäre. Bis heute — bei der Bearbeitung der verschiedenen Ausbaustufen des KKW „Bruno Leuschner" — ist dies spürbar.

Bei der Durcharbeitung des technischen Projektes für das KKW Rheinsberg beschäftigten Max Steenbeck besonders die neuartigen Aspekte des Strahlenschutzes und der nuklearen Sicherheit. Auf seine Hinweise ist die Entscheidung zurückzuführen, den Reaktor mit 3 statt der ursprünglich vorgesehenen 2 Kühlschleifen zu versehen, was zwar zu einem technischen und ökonomischen Mehraufwand, aber zu einer Erhöhung der nuklearen Sicherheit führte.

Max Steenbeck, der die privatwirtschaftlichen Zwänge aus persönlicher Erfahrung kannte, beunruhigte die Gefahr, daß ein auf Gewinn und Konkurrenzfähigkeit bedachtes Unternehmen zwangsläufig kostspielige Schutzvorkehrungen scheuen mußte. Die Havarie im amerikanischen Kernkraftwerk „Three Mile Island" in der Nähe von Harrisburgh ist ein Schulbeispiel für die Berechtigung der Befürchtungen, die Max Steenbeck in seinem Festvortrag zum Leibniztag 1961 formulierte. Denn die Konzeption dieses Kernkraftwerktyps ist durch das Primat profitorientierter Ökonomie bestimmt.

Das Problem der nuklearen Sicherheit von Kernkraftwerken wird ohne Zweifel die Zukunft der Kernenergetik entscheidend beeinflussen. Daher möchte ich zum Abschluß noch einen Gedanken hierzu äußern.

Die stetig wiederkehrende Klage in kapitalistischen Ländern über den „Unsicherheitsfaktor Mensch", die stereotype bei Havarieuntersuchungen gebrauchte Formel „menschliches Versagen" und nicht zuletzt die von Wissenschaftlern im Westen oft geäußerten Bedenken über die ungenügende Qualifizierung des Betriebspersonals von Kernkraftwerken, weist auf einen zweiten, ebenfalls im Wesen des Kapitalismus inhärenten Grund, warum das Problem der nuklearen Sicherheit im Rahmen der kapitalistischen Gesellschaftsordnung unlösbar ist. Max Steenbeck weist in seiner hypothetischen Prognose des Kapitalismus [7] darauf hin, daß die Oberschicht kein Interesse am Bildungsstand der Parias hat; „die Fähigkeit zur Auflehnung würde dadurch ja nur verstärkt". Nur unkritische Anbeter der im Rasmussen-Bericht kulminierenden Sicherheitsphilosophie können sich einbilden, das Verhalten eines Kernkraftwerkes voll verstehen zu können, ohne die Mitwirkung einer qualifizierten Belegschaft gebildeter Menschen, die mit dem Kernkraftwerk auf Du und Du stehen.

Der gebildete arbeitende Mensch, ohne den die Zukunft der Kernenergetik undenkbar ist, gehört folgerichtig zu der Vorstellung vom Sozialismus und Kommunismus, die Max Steenbeck aus seiner Lebenserfahrung geschöpft hat.

Max Steenbeck hat seine Weltanschauung in harter Auseinandersetzung mit den Erlebnissen seiner bewegten Laufbahn erkämpft, sie ist aus reicher, widerspruchsvoller Lebenserfahrung geschöpft. Sie beruht weder auf beruflicher Besinnung im Elfenbeinturm noch auf zusammengelesener Buchweisheit. Max Steenbeck wird der letzte sein, der Theorie in Natur- und Gesellschaftswissenschaften gering schätzt. Doch sein Vorbild lehrt: Entscheidend ist die aus aktiver Erfahrung entsprungene und zu engagierter Mitwirkung verpflichtende Stellungnahme zu den aktuellen Aufgaben unserer Zeit. Lassen wir noch einmal zum Abschluß einen der jungen Mitarbeiter aus der Zeit des WTBR zu Wort kommen:

„Zurückschauend muß man unbedingt die Feststellung treffen, daß Professor Steenbeck als ständiger Mahner sowohl für die älteren und ganz besonders für die jüngeren Menschen gelten muß, der schonungslos und selbstkritisch aus den Fehlern der Vergangenheit lernend die Gegenwart und die Zukunft im fortschrittlichen Sinne beeinflußt hat und auch den einzelnen Kollegen in diesem Denkprozeß wesentliche Denkanstöße gegeben und im positiven Sinne beeinflußt hat."

Und so wirkt das Gestern in die Zukunft hinein.

Es wirkt durch Ideen, die realisiert wurden und durch die Herausforderung noch nicht verwirklichter Ideen.

Es wirkt vor allem, lieber verehrter Max Steenbeck, durch die Schüler, die Du erzogen und durch die Menschen, die Du zu verantwortungsbewußtem Handeln für die Erhaltung des Friedens geweckt hast.

Dafür danken wir Dir und wünschen Dir weiterhin viel Freude und Schaffenskraft!

Literatur

[1] M. Steenbeck: Impulse und Wirkungen, 1977, S. 88.

[2] M. Steenbeck: Vorschlag eines stationären Beschleunigers großer Leistung für mittelschwere, hoch geladene Ionen, Kernenergie **21** (1978), S. 93–99.

[3] M. Steenbeck: Erzeugung einer selbstkaskadierenden Axialströmung in einer langen Ultrazentrifuge zur Isotopentrennung, Kernenergie **1** (1958), S. 921–928.

[4] K. Fuchs: Ab 1968 könnte Bonn jährlich 6 Atombomben herstellen, ND vom 23. 11. 1965.

[5] M. Steenbeck: Man brauchte nur einige Gashähne umzustellen, ND vom 2. 2. 1966.

[6] M. Steenbeck u. a.: Wissenschaftlich-technisches Gutachten über die Schaffung von Voraussetzungen zur Produktion von Kernwaffen in der westdeutschen Bundesrepublik, Dokumentation der Zeit 20 (1968), Heft 417.

[7] M. Steenbeck: Impulse und Wirkungen, 1977, S. 439.

Robert Rompe, Klaus Breuer

Plasmaschwingungen in Festkörpern

Es ist nicht die Absicht, Max Steenbecks Beiträge zur Gasentladungs bzw. Plasmaphysik umfassend zu würdigen. Ihrer sind viele und sie sind ausreichend bekannt. Unser Festkolloquium zu Ehren seines 75. Geburtstages soll vielmehr Anlaß sein, eine ganz spezielle Idee Max Steenbecks herauszustellen und in Erinnerung zu bringen, die er selbst später kaum erwähnt hat und die doch, vor allem in den letzten 20 Jahren, sich äußerst produktiv und als eine echte wissenschaftliche Erkenntnis von bleibenden Wert herausgestellt hat.

Es handelt sich um Plasmaschwingungen in Festkörpern, was heute unter der Bezeichnung „Plasmonen" behandelt wird und in die Lehrbücher Eingang gefunden hat, wobei, wie es so zu gehen pflegt, die Autorschaft Steenbecks in Vergessenheit geraten ist.

M. Steenbeck veröffentlichte 1932 in der Zeitschrift für Physik [1] eine Arbeit: „Plasmaschwingungen und selektive optische Reflexion der Metalle"; seine Zusammenfassung ist in Abbildung 1 wiedergegeben.

Plasmaschwingungen und selektive optische Reflexion der Metalle.

Von **Max Steenbeck** in Berlin-Siemensstadt.

Mit 1 Abbildung. (Eingegangen am 30. Januar 1932.)

Abb. 1 Erste Arbeit zu Plasmonen in Festkörpern durch M. Steenbeck 1932

Die von Langmuir und Tonks berechneten und für die positive Säule von Vakuumbogen nachgewiesenen Plasmaschwingungen der Elektronen werden auf das Elektronengas in Metallen ohne Berücksichtigung der Gasentartung übertragen. Es ergeben sich Frequenzen um $\lambda = 2000$ Å. Für diese Frequenz, die für das Metallganze charakteristisch ist, ist ein selektives Reflexions- und Absorptionsmaximum zu erwarten, wie es auch tatsächlich beobachtet wird. Wenn das Reflexionsmaximum tatsächlich auf Raumladungsschwingungen des Elektronengases zurückzuführen ist, darf das Reflexionsmaximum nur für solches Licht auftreten, dessen elektrischer Vektor in der Einfallsebene schwingt, während senkrecht dazu polarisiertes Licht diese Erscheinung nicht zeigen darf.

An dieser Arbeit ist bemerkenswert, daß hier erstmalig auf die Möglichkeiten kollektiver, longitudinaler Schwingungen der Elektronen — um solche handelt es sich in der Konzeption von Langmuir und Tonks — eines Festkörpers hingewiesen wird, wobei ein bis dahin unverstandenes, von R. W. Wood gefundenes Phänomen, die optische selektive Reflexion der Metalle der Alkali-Reihe mit diesen in Zusammenhang gebracht wird.

Auf gewisse Schwierigkeiten, die longitudinalen Plasmaschwingungen nach Langmuir und Tonks durch die transversalen elektromagnetischen Wellen anzuregen, wird hingewiesen. In einer besonderen Fußnote wird mitgeteilt, daß der Verfasser mit A. Sommerfeld über die Frage diskutiert hat, ob die Entartung des Elektronengases für das Zustandekommen von Plasmaschwingungen der genannten Art eine Rolle spielen kann — Sommerfeld war der Meinung, daß nicht. Schließlich ist in M. Steenbecks Arbeit auch bereits der Hinweis enthalten, daß die Plasmafrequenz sich auch bei Elektronenstoßanregung bemerkbar machen sollte. Im engeren Kreis der Berliner Plasmaphysiker, zu denen wir R. Seeliger rechnen können, da er zu Konsultationen sowohl zur Studiengesellschaft für elektrische Beleuchtung, wo ich damals tätig war, wie auch in die Siemens-Laboratorien, wo Steenbeck arbeitete, kam, wurde diese Idee Steenbecks in ihrer Bedeutung sogleich anerkannt. Trotzdem blieb sie viele Jahre ohne besondere merkliche Auswirkungen.

Meines Erachtens lohnt es sich, sich die Gründe hierfür anzusehen; es gab manche:

- die von Langmuir und Tonks [2] theoretisch und experimentell aufgezeigten Plasmaschwingungen waren, so überzeugend einfach ihre theoretische Herleitung auch war, in gewisser Hinsicht dubios, da es nicht ohne weiteres klar war, wie ihre Anregung zustande kommen sollte, vor allem in kohärenter Form. So gelang es selbst mit der von Langmuir und Tonks angegebenen Anordnung nicht leicht, sie klar zu reproduzieren. Später stellte sich heraus, daß, um sie zu beobachten, ein echter „makroskopischer" Anfachungsmechanismus realisiert werden muß, etwa ein ausgebildeter Elektronenstrahl, der das in einem Hohlraumresonator befindliche Plasma durchdringt. Das geschah aber erst wesentlich später, so daß also die Plasmaschwingungen zwar „logisch" über jeden Zweifel erhaben, in ihrer realen Existenz aber weitgehendst Glaubensangelegenheit blieben.
- Der von Langmuir und Tonks gefundene Zusammenhang zwischen Plasmafrequenz, Elementarladung „e", Elektronenmasse „m" und der Zahl der Elektronen im cm^3 erwies sich „aus Dimensionsgründen" — als unspezifisch hinsichtlich des zugrundeliegenden Mechanismus (Abbildung 2).

Es war damals bekannt, daß die Reflexion von Radiowellen in der Ionosphäre, die auch etwa in jenen Jahren gefunden wurde, durch eine von Ekkles aufgestellte Formel erfaßt wird, die aus der Betrachtung der transversalen Schwingungen der freien Elektronen im Feld der einfallenden elektromagnetischen Wellen verstanden werden kann und die genau den selben Zusammenhang, wie der von Langmuir und Tonks für einen longitudinalen Effekt aufgestellte, liefert.

Langmuir, Tonks,
Steenbeck:

$$n \cdot m \frac{d^2\eta}{dt^2} = -neE = -4\pi n^2 e^2 \eta = eta$$

$$\frac{d^2 n}{dt^2} + \omega_p^2 \tau = 0$$

PLASMASCHWINGUNG: $\omega_p = \left(\frac{4\pi ne^2}{m}\right)^{1/2}$

R. W. Wood,

C. Zener:

$\varepsilon(\omega) = 1 - \frac{\omega_p^2}{\omega^2 + i\omega/_\tau}$ freies Elektronengas

Transmission für $\omega^2 > \omega_p^2$

ABSCHNEIDEFREQUENZ: $\omega_p = \left(\frac{4\pi ne^2}{m}\right)^{1/2}$

Debye:

ABSCHIRMLÄNGE: $\lambda = \left(\frac{4\pi ne^2}{2/3kT}\right)^{-1/2}$

Festkörper: $kT \rightarrow E_F$

Abb. 2 Wie sich Elektronendichte n, Elementarladung e und Elektronenmasse m aus unabhängigen Betrachtungen zu gleichwertigen Größen kombinieren

C. Zener hat dann — ein Jahr nach Steenbeck — die optische Selektivität der Alkali-Metalle durch einen Vorgang analog zur Reflexion der Radiowellen an der Ionosphäre erklärt, und diese Erklärung ist dann auch angenommen worden und hat Eingang in die Lehrbücher gefunden. Diese Arbeit von C. Zener erschien 1933 als Zuschrift an die „Nature". Steenbeck und auch ich selbst haben sie nicht gekannt. Ich habe sie erst viele Jahre später dem Lehrbuch von Kittel [3] entnommen.

C. Zener gab auch kurz eine meiner Ansicht nach einleuchtende Erklärung dafür, warum man die Elektronen als frei ansehen kann, wobei er sich auf eine kurze Notiz von Kronig im selben Jahr in der „Nature" (Dezember 23, 1933) stützt: Die optischen Anomalien werden beobachtet bei Frequenzen von etwa 10^{15} Hz, während die Stoßzahl des Elektrons mit dem Gitter, die für die Leitungsphänomene verantwortlich sind, kleiner als 10^{14} pro sec. ist. Während einer Schwingungsdauer im einfallenden Licht erleidet das Elektron praktisch keine Zusammenstöße mit dem Gitter. Dann kann man tatsächlich von der dielektrischen Polarisation:

$$P = -(n\, e^2/4\pi^2\, m\, \nu^2)\, E$$

ausgehen und erhält die Plasmafrequenz und das bekannte optische Verhalten.

Analog zur Zenerschen Deutung erledigt sich aber auch die Anfrage von Steenbeck an Sommerfeld, und zwar ganz im Sinne von Sommerfeld: Für die kurze

Zeit der Schwingungsdauer „merkt" das Elektron nicht, daß es Elektronenbänder gibt, da diese eine Wechselwirkung mit anderen Elektronen und dem Gitter voraussetzen. Wenn es aber keine Bänder gibt, ist auch die Frage der Besetzung der zuständigen Terme gegenstandslos, d. h., es gibt keinen Unterschied zwischen dem klassischen und quantenmäßigen Verhalten. Natürlich sieht man, daß bei kleineren Frequenzen — im Infraroten — diese Überlegung nicht mehr gilt und dort die Leitungseigenschaften der Metalle durchaus ins Gewicht fallen, was ja auch beobachtet wird. Auch im Bereich der „Durchsichtigkeit" des Metalls machen sich andere Absorptionsmechanismen bemerkbar.

Es könnte nun so aussehen, als ob damit alles erledigt sei. Das ist offenbar gar nicht der Fall. Wenn wir noch einige Angaben über die Historie des Problems machen, so wollen wir in Erinnerung bringen, daß naturgemäß in dem Artikel von M. Steenbeck und mir „Der Plasmazustand der Gase" in „Ergebnisse der exakten Naturwissenschaften" von 1939 [4] die Idee von Steenbeck aufgenommen wurde. Auch die Berliner Halbleiterphysiker haben sie ernst genommen, z. B. in dem Aufsatz von F. Möglich und mir „Zur Theorie der festen Isolatoren", was grundsätzlich mit noch wenig geklärten Vorgängen bei der Absorption kurzwelligen Lichtes im festen Körper zusammenhängt.

In den auf die Arbeit von Steenbeck folgenden 20 Jahren wurde auf einem ganz anderen Gebiet eine interessante Entdeckung gemacht. Beim Durchtritt von Elektronen durch Metallfolien wurden diskrete Energieverluste beobachtet, für die es aber keine hinreichende Erklärung gab.

Da diese ersten Versuche, wie man später gesehen hat, nicht mit der erforderlichen Qualität der Präparation der Schichten und mit kaum ausreichender Auflösung der Geschwindigkeitsanalyse des Elektronenstrahls durchgeführt wurden, lieferten sie zum Teil auch nicht gut reproduzierte und darum schwer deutbare Ergebnisse.

Die Verbindung zwischen dem optischen Verhalten von Festkörpern auf Grund von Plasmaschwingugen und diesen Elektronen-Energieverlusten wurde 1951 von Bohm und Pines [5] hergestellt, die auch die Bezeichnung „Plasmonen" einführten. Bohm war der zusammenfassende Bericht von Steenbeck und mir bekannt, da er ihn in Zusammenhang mit Ionenplasmaschwingungen zitierte [6]. Auf die Priorität von Steenbeck hinsichtlich selektiver Metallreflexion und Plasmaschwingungen gehen sie aber gar nicht ein, auch nicht auf die Deutung durch Zener.

Wir wollen kurz auf die Entwicklung der Erforschung der charakteristischen Energieverluste und ihrer Deutung als Plasmaschwingungen im Festkörper ganz im Sinne der ersten Bemerkung von Steenbeck eingehen.

Becker [7] fand schon 1924 bei Reflexionsexperimenten mit 200 eV-Elektronen diskrete Verluste oberhalb 11 eV.

Rudberg [8] untersuchte 1929 in seiner Dissertation Elektronen-Energieverluste in Reflexionen an Kupfer und Silber. Für die klar ausgebildeten Maxima prägte er den Ausdruck „*charakteristische Energieverluste*".

Allgemeinere Beachtung erlangten die charakteristischen Energieverluste erst mit Ruthemann in den 40er Jahren.

Ab etwa dieser Zeit verfügte man über hochauflösende Spektrometer (1/2000), gereinigte Oberflächen und konnte durchstrahlbar dünne Schichten präparieren. Ruthemann [9] untersuchte die Energieverluste verschiedener Materialien in Transmission mit 2—10 keV Elektronen. Seine einwandfrei nachgewiesenen, von der Elektronenenergie und Schichtdicke unabhängigen und als „Vielfache" gefundenen Energien blieben lange unerklärt. Die Erklärung wäre möglich und verblüffend einfach gewesen, hätte Ruthemann Steenbecks Artikel gekannt!

Gerade das damals untersuchte Aluminium ist auch heute noch das Musterbeispiel für eine Plasmaschwingung im Festkörper. Die Plasmaschwingungsformel liefert für Aluminium überraschend genau den richtigen Wert.

Mehrere Theorien wurden vorgeschlagen zur Erklärung der charakteristischen Verluste. Zum einen sind es Theorien, die die Bänderstruktur heranziehen. In der Literatur wird oft erwähnt, daß die Idee der Deutung als kooperatives Schwingungsphänomen an Elektronen bei Kronig und Korringa [10] 1943 zu finden wäre. Kronig und Korringa benutzten in der Tat kollektive Elektronenbewegungen, um Energieverluste schneller geladener Teilchen in Metallen zu erklären.

Als umfassend wird die „Plasma Oszillation Theory" von Bohms und Pines [5] angesehen. Sie erklärten die diskreten Anregungen des Festkörpers durch Elektronenbeschuß als die Anregungen von longitudinalen Elektronendichte-Schwingungen, für die sie den Begriff „Plasmonen" prägten.

Da die Plasmonen-Theorie nur für ein ideales Fermigas, höchstens aber für Metalle galt, charakteristische Energieverluste aber in fast allen Festkörpern, gleich ob Leiter, Halbleiter oder Isolator, gefunden werden, blieben alternativ noch andere Theorien in der Diskussion.

Auch heute noch ist mancher Energieverlust in seiner Deutung umstritten, und erst vertiefte experimentelle Ergebnisse — etwa Winkelverteilungen — bringen eine Entscheidung über die Natur der Verluste.

Heutzutage ist die Elektronen-Energieverlust-Analyse ein wesentlicher Beitrag zur Aufklärung der elektronischen Struktur von Festkörpern. Die auffälligsten Verluste, alles an Wahrscheinlichkeit überragend, resultieren aus der Plasmonerzeugung. Auch Valenzelektronen sind noch „frei genug", Plasmonen auszubilden. Es existieren Modifikationen, z. B. die Polarisation des Mediums berücksichtigend (H. Mayer), mit der der Gültigkeitsbereich der einfachen Steenbeckschen Formel erweitert ist. In realen Festkörpern verschieben und bedämpfen Einzelteilchenübergänge die Verluste bis an die Grenze der Identifizierbarkeit als Plasmonen.

Selbst im Aluminium sind noch nicht alle Fragen geklärt, z. B. die der Strukturabhängigkeit der Halbwertsbreite.

Es existieren in einem Material auch mehrere (der hier betrachteten Volumen-Plasmonen — die der Leitungs- und die der Valenz — plus Leitungselektronen. In anisotropen Materialien ist die Plasmonenergie anisotrop (Graphit $q||C$: 19 eV $q||a$: 27 eV). In eindimensionalen Systemen existieren Plasmonen nur entlang der Leitfähigkeitsachsen, senkrecht dazu nicht. In der Literatur dient das derzeit als Test für ein eindimensionales System. Aus der Anisotropie der Plasmonendispersion gewinnt man Daten zur Berechnung der Systeme. Verringert man das Festkörpervolumen, liefert auch das Plasmon als kollektive Dichteschwingung eine Aussage, ab wieviel Atomen man von einem Festkörper sprechen kann. Zur Plasmonengeneration genügen einige hundert Atome. Plasmonen haben sich nicht als so charakteristische Energieverluste erwiesen, daß man daraus eine universelle Materialanalyse aufbauen könnte. Insbesondere die aus der geringen Lebensdauer von $\sim 10^{-16}$ sec. resultierenden großen Halbwertsbreiten bis in die Größenordnung von 10 eV lassen dafür wenig Raum. Mitunter geht es aber doch und sogar sehr gut. In Legierungen z. B. reagiert manchmal die Plasmafrequenz kaum auf den Komponentenanteil. Dadurch sind die Phasengrenzen z. B. zu AlCu und Al_2Cu in einer Al—Cu-Legierung durch Sprünge in der Plasmafrequenz ausgezeichnet. Derart kann man auch das Beispiel einer äußerst sensiblen Analyse der Struktur der Weißmantelschen diamantartigen Kohlenstoffschichten deuten [11]. Diese amorphen Schichten ändern ihre makroskopischen Eigenschaften — wie etwa die Härte — mit den Herstellungsparametern, insbesondere mit der Substratvorspannung (Maß für die Energie, mit der die C-Ionen das Substrat erreichen). Die Plasmonlageanalyse kennzeichnet nun wahrscheinlich durch ein Minimum den Bereich extremer Härte und auch andere strukturabhängige Besonderheiten (Abbildung 3). Das sind Ergebnisse aus dem Zentralinstitut für Elektronenphysik, dem Labor von Dr. K. Breuer. Erste Ergebnisse, die noch einer theoretischen Fundierung bedürfen.

In der Spektroskopie des Festkörpers mit elektromagnetischer Strahlung werden Plasmonen durch sekundäre Prozesse oder in Verbindung mit anderen Elementaranregungen erzeugt. In der Raman-Spektroskopie gibt es den Begriff der

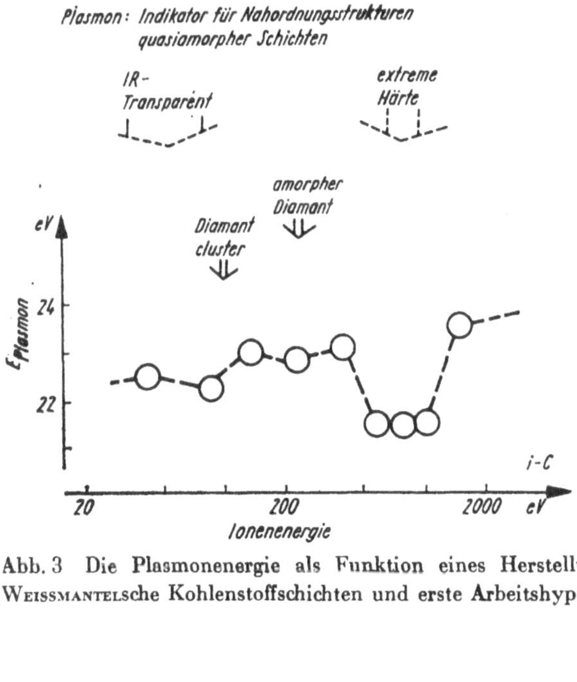

Abb. 3 Die Plasmonenergie als Funktion eines Herstellungsparameters für spezielle WEISSMANTELsche Kohlenstoffschichten und erste Arbeitshypothesen zur Deutung

„elektronischen Raman-Prozesse" (in der Gruppe von R. Enderlein, Humboldt-Universität, theoretisch bearbeitet). Neben den Phononen werden Elementaranregungen des *Elektronensystems* erzeugt oder vernichtet. Im Gas z. B. wurde beobachtet, daß in Abhängigkeit von den Polarisationsrichtungen des einfallenden und des gestreuten Lichtes die üblichen Phononenlinien auch genau um die Plasmafrequenz des Halbleiters verschoben auftreten können und so die Existenz der longitudinalen Plasmonen belegen.

An den Streuexperimenten in Gas läßt sich eine Besonderheit des Festkörperplasmas sehr schön demonstrieren, nämlich die Wechselschwingungen mit den longitudinalen optischen Phononen und die Entstehung gekoppelter Plasmon-Phonon-Moden. Daß zwischen den Plasmonen und Phononen, die beide mit einem longitudinalen Polarisations- und elektrischen Feld verbunden sind, eine intensive Wechselwirkung bestehen muß, bedarf keiner Erläuterung. Die Auswirkungen dieser Wechselwirkungen werden dann besonders stark sein, wenn die beiden Schwingungen in Resonanz zueinander geraten, d. h. für Plasmafrequenz = longitudinale optische Phononfrequenz. In diesem Falle treten zwei neue Schwingungstypen auf, die in der Frequenz gegenüber den beiden Originalschwingungen verschoben sind und die weder rein phononischer noch rein elektronischer Natur sind, sondern Anregungen des wechselwirkenden Gesamtsystems „Elektronen + Gitter" darstellen. Theorie und Experiment sind in guter Übereinstimmung.

Die indirekte Anregung von Plasmonen durch elektromagnetische Strahlung kann man auch beim Photoeffekt beobachten. Auch bei diesem Prozeß ist wieder festzustellen, daß die Beteiligung von Plasmonen nicht gegen das Verbot verstößt, wonach Plasmonen nicht direkt optisch angeregt werden können. Es wird nicht ein einzelnes Plasmon angeregt, sondern eine komplizierte Elementaranregung des Festkörpers. Die Entstehung dieser Anregung kann man sich etwa so vorstellen:

Das Photon regt ein Elektron-Loch-Paar an, wobei das Loch in einem tiefliegenden Rumpfzustand sitzt. Es ist stark lokalisiert und plötzlich entstanden. Sein Potential stellt eine starke Störung für das Elektronensystem dar, durch die auch Plasmonen angeregt werden können.

Natürlich gibt es auch den trivialen Effekt, daß das Photoelektron auf dem Wege durch den Festkörper ein Plasmon erzeugt. Aber das ist — wie gesagt — nur ein trivialer Sekundäreffekt. Die derzeitige Forschung befaßt sich mit dem komplizierten Prozeß der gleichzeitigen Generation z. B. eines Elektronen-Loch-Paares und eines Plasmons.

Man kann zweifellos feststellen, daß die ursprüngliche Idee Steenbecks, kooperative Phänomene der Ladungsträger in einem Plasma, speziell der Elektronen, auf den festen Zustand zu übertragen, sich im Laufe der Zeit als fruchtbar erwiesen hat. Allein in Berlin arbeiten mehrere Gruppen an „Plasmonen". Ist die Meinung berechtigt, daß auf diesem Wege der Analogie Plasmon-Festkörper noch mehr neue, interessante Ergebnisse zu erwarten sind? In den letzten Jahren ist das Verständnis für kooperative Phänomene in Plasmen sehr erweitert worden. Insbesondere gilt das für kollektive Schwingungen und Wellen.

Aber auch zum Problem der Anregungen von Schwingungen und Wellen sind neue Erkenntnisse dazugekommen: Die optische Anregung von Plasmaschwingungen hat ja von Anfang an Schwierigkeiten gemacht. Inzwischen hat man durch Anwendung von Laserlicht gelernt, die Feldstärken bei der optischen Anregung vergleichbar denen der Elektronenstoßanregung zu machen, wobei dann neuartige Anregungsarten zustandekommen (Abbildung 4).

Zweifellos werden in den nächsten Jahren noch zahlreiche neue Ergebnisse zu verzeichnen sein. Wir wollen nicht vergessen, daß die Anregung hierzu M. Steenbeck vor fast 50 Jahren gegeben hat!

„*klassischer*" Bereich	„*parametrischer*" Bereich	„*ponderomotorischer*" Bereich
1. Nahezu Totalreflexion ($\varepsilon = 0$) an der Fläche kritischer Dichte $n_e = n_{crit}$, wo $\omega_{strahlung} = \omega_p = 5{,}6 \cdot 10^4 \sqrt{n_e}$ ist (Plasmafrequenz) 2. Geringe Absorption prop. Stoßfrequenz $\nu_s \approx 10\, n_e/T_e^{3/2}$ 3. Kopplung an Plasmonen nur bei schrägem Einfall möglich	Verstärkte „anomale" Absorption durch Zerfall der Welle in zwei andere Wellen oberhalb einer Amplitudenschwelle: Photon ↗ Plasmon + Phonon Photon ↗ Plasmon + Plasmon Photon ↘ Plasmon + Photon Photon ↘ Phonon + Photon bei $n_e = n_{crit}$ oder $n_e = n_{crit}/4$	1. Strahlungsdruck wird wesentlich: $p_{strahlung} \sim \text{grad}\, F^2$ Verformung des Dichteprofils bei $n_e \approx n_{crit}$, Kavitonenbildung, Mehrfachreflexionen 2. Selbstfokussierung, Erzeugung höherer Harmonischer

10^{10} — 10^{11} — 10^{12} — 10^{13} — 10^{14} — 10^{15} — 10^{16} — 10^{17}

Leistungsdichte W/cm² (für $\lambda = 1\,\mu m$)

10^{7} — 10^{8} — 10^{9} — 10^{10}

Feldstärke F (Amplitude) V/cm

Abb. 4 Wechselwirkung Strahlung—Plasma, nach einer Zusammenstellung von E. Hantzsche und R. Rompe

Literatur

[1] M. Steenbeck: Z. Physik **76** (1932) 260.

[2] L. Tonks, I. Langmuir: Phys. Rev. **33** (1929) 195.

[3] C. Kittel: Einführung in die Festkörperphysik, R. Oldenbourg Verlag München, Wien 1969.

[4] R. Rompe, M. Steenbeck: Ergebnisse der exakten Naturwissenschaften XVIII (1939) 257.

[5] D. Bohm, D. Pines: Phys. Rev. **82** (1951) 625.
[6] D. Bohm, E. P. Gross: Phys. Rev. **75** (1949) 1851.
[7] A. Becker: Ann. Physik **78** (1925) 209.
[8] E. Rudberg: Proc. roy. soc. **A 127** (1930) 111.
[9] G. Ruthemann: Naturwissenschaften **29** (1941) 648.
[10] R. Kronig, J. Korringa: Physica **10** (1943) 406.
[11] C. Weissmantel, K. Bewilogua, K. Breuer, C. Schürer, H. Zscheile: Thin Solid Films eingereicht.

Max Steenbeck

Schlußwort

Liebe Kollegen! Den Referenten möchte ich herzlich danken für ihre Mühe, die sie sich gemacht haben, und jedenfalls waren alle sehr freundlich zu mir. Ich will gerne zugeben, daß mir vor diesem Kolloquium zunächst doch recht unbehaglich zumute war. Immer wieder dachte ich an ein Gespräch mit dem fachlich und menschlich großartigen Augenarzt und Forscher Filatow, in dessen Odessaer Klinik ich zweimal operiert wurde. Als ich vor fast einem Vierteljahrhundert den damals schon alten Mann fragte, wie er jetzt über die von ihm in einem langen Leben geleistete Arbeit dächte, da meinte er, das hinge ganz von seiner jeweiligen Stimmung ab. Mitunter freue er sich, doch einiges bewirkt und nicht unwichtige Erfolge gehabt zu haben. Aber wahrscheinlich arbeiten in einem Forscher ohne sein Zutun die von ihm nicht gelösten Probleme noch weiter, mehr als die mit Erfolg abgeschlossenen, und dann sei er im Rückblick recht unzufrieden mit sich.

Das war ein Grund für mein — ich glaube, ich nannte es vorhin Unbehagen, und der zweite war das Wissen, daß es sich ja bei einer solchen Veranstaltung gehört, nur Gutes von dem Jubilar zu berichten, und das kann dann fast wie das De mortuis nihil nisi bene klingen. Da ich mich aber noch keineswegs so fühle, nehme ich die heute gesagten Worte eben als bare Münze. Vielleicht verstehen Sie dann auch die Überraschung besser, die das von Ihnen, lieber Rompe, gewählte Thema für mich bedeutete. Ich hatte diese Arbeit nämlich schon völlig vergessen, obwohl ich mich jetzt natürlich wieder daran erinnere und auch, wie wichtig sie mir vor rund vier Jahrzehnten war. Aber sie führte damals zu keinerlei Konsequenzen, nicht in meinen eigenen Arbeiten und auch nicht in denen meiner damaligen oder späteren Mitarbeiter oder Schüler. Wenn diese Gebiet heute Bedeutung gewonnen hat, so freut mich das natürlich, aber es geht dann kaum auf meine damalige Arbeit zurück.

Bei den drei anderen heute besprochenen Gebieten ist das insofern anders, als ich hier wenigstens Anstöße gegeben habe, die unmittelbar weiter wirkten, wenn diese auch erst durch die Arbeiten früherer Mitarbeiter Bedeutung erlangten, und zwar auf recht verschiedenen Gebieten. Über eines berichtete Herr Stiller: Über das heute im internationalen Rahmen stark zunehmende Verständnis von Struktur und Geschehen im Inneren von Planeten — übrigens auch von Fixsternen — durch die Auswertung ihrer außerhalb beobachtbaren Magnetfelder, über deren Zustandekommen man jetzt eben doch einiges weiß. Herr Kirko sprach über ein nur scheinbar völlig anderes, aber eigentlich doch durchaus analog liegendes Problem, nämlich über mögliche technische Schwierigkeiten, die beim Betrieb moderner großer Kraftwerksreaktoren, den Natrium gekühlten Schnellen Brütern, auftreten könnten, wenn hier Magnetfelder durch das strömende flüssige Metall erzeugt werden sollten. Wenn das auftritt, ähnlich wie die Entstehung des magnetischen Erdfeldes durch bestimmte Turbulenzen im fluiden Erdinnern, hätte das eine sehr unerwünschte Belastung der Umwälzpumpe zur Folge. Viel mehr als zu diesem Komplex einen Anstoß gegeben und die notwendige Zähigkeit gezeigt zu haben, daß schließlich unser Kollektiv zu ermutigenden ersten Resultaten kam, kann ich mir dabei aber nicht zuschreiben. Inzwischen sind meine früheren Schüler so viel weiter gekommen, daß es mir Mühe macht, den jetzigen Stand wenigstens noch einigermaßen zu verstehen. Und ich finde, das ist eigentlich das Beste, was ein Forscher sich wünschen kann.

Von dem vielen, was Du, lieber Klaus, berichtet hast, möchte ich nur auf einiges eingehen, weil mir das ganz besonders Freude gemacht hat: von den ersten Arbeiten für unser erstes Atomkraftwerk bei Rheinsberg. Als diese vor mehr als zwanzig Jahren begannen, hatten weder ich noch meine Mitarbeiter darüber einigermaßen konkrete Vorstellungen, und meine Aufgabe war es, dem Kollektiv Mut zu machen, sich durch eigenes Denken einzuarbeiten und dabei nicht einfach nur schon Bekanntes aufzunehmen. Woher Du die heute mitgeteilten Äußerungen aus dieser damaligen Mannschaft hast, weiß ich nicht, aber es war für meinen Rückblick eine Mut machende Freude. — Leider kann ich das gleiche nicht ohne wesentliche Einschränkungen von einer meiner anderen Arbeiten sagen, die wirtschaftlich und politisch wohl die wichtigste geworden ist. Ich meine die Isotopentrennung durch eine ziemlich unkonventionelle Gaszentrifuge. Ich führte diese Entwicklung seinerzeit in der Sowjetunion durch, um eine Wiederholung von Hiroshima vermeiden zu helfen; doch durch Mitarbeiter wurde später die Methode auch in der westlichen Welt bekannt. Und heute hat sie sich offensichtlich bei allen Atommächten, außer Frankreich, durchgesetzt. Das Schlimme ist dabei, daß wegen des geringen Aufwandes auch noch nicht zu diesem Kreis gehörende Länder einen so gut wie nicht mehr kontrollierbaren Bau von Kernwaffen in kleinem Rahmen durchführen können. Das ist ein wichtiger Grund, weswegen mein Streben heute nicht mehr in erster Linie der Physik gilt, die mir ohnehin in fast allen Bereichen schon viel zu weit vorausgelaufen ist, sondern dem Bemühen, einen Nuklearkrieg vermeiden zu helfen.

Zum Abschluß möchte ich noch ein Problem nennen, das mich fast fünfzig Jahre lang immer wieder beschäftigt hat, ohne daß mir eine Lösung gelang. Ausgangspunkt war eine für die Weiterentwicklung von Leistungsschaltern recht nützliche Vorstellung, daß sich nämlich der Strom immer die bequemste Bahn aussucht, das heißt, daß diese bei gegebener Stromstärke die kleinstmögliche Spannung erfordert. Wenn die elektrische Leitfähigkeit nicht von der Stromdichte abhängt, ist das längst bekannt, und sonst ist das in dieser allgemeinen Form sogar falsch. Trotzdem gibt es saubere Versuche, die mit diesem „Minimumprinzip“ sehr genau gedeutet werden können, welches sich dabei als Stabilitätsbedingung erweist. Das scheint zum Beispiel für solche Fälle zu gelten, wo ein System von Differentialgleichungen nicht lösbar ist, weil der Koeffizient der höchsten Ableitung an der Stelle verschwindet, für welche Randbedingungen vorliegen. Aber einen schlüssigen Beweis dafür habe ich nie gefunden.

Ja, liebe Kollegen, mehr möchte ich nicht sagen, nur noch einmal danken, den Vortragenden für ihre Mühe, sich in zum Teil längst Vergangenes einzuarbeiten und Ihnen allen für Ihre Teilnahme an diesem Kolloquium.

FSC
www.fsc.org
MIX
Papier | Fördert gute Waldnutzung
FSC® C083411

Kolibri 360 GmbH
Ferdinand-Jühlke-Straße 7
99095 Erfurt, Deutschland
produktsicherheit@kolibri360.de